Bibliografische Information der Deutschen Nationalbibliothek:

Die Deutsche Bibliothek verzeichnet diese Publikation in der Deutschen Nationalbibliografie; detaillierte bibliografische Daten sind im Internet über http://dnb.d-nb.de/ abrufbar.

Impressum:

Druck und Bindung: Books on Demand GmbH, Norderstedt Germany
ISBN: 9783668801585

Dieses Buch bei GRIN:

https://www.grin.com/document/441907

Adrian Krüger

Kritische Reflexion und Untersuchung des Trends "glutenfreie Lebensmittel"

GRIN Verlag

HOCHSCHULE OSTWESTFALEN – LIPPE

UNIVERSITÄT PADERBORN

FACHBEREICH LIFE SCIENCE TECHNOLOGIES

Projektarbeit
im Studiengang
Lehramt an Berufskollegs mit den beruflichen Fachrichtungen Ernährungs- und Hauswirtschaftswissenschaften und Lebensmitteltechnik
Besondere Bestimmungen
der Prüfungsordnung
für den Masterstudiengang
Lehramt an Berufskollegs
mit der beruflichen Fachrichtung
Ernährungs- und Hauswirtschaftswissenschaft
an der Universität Paderborn
und der Hochschule Ostwestfalen-Lippe
vom 22. April 2013

Kritische Reflexion und Untersuchung des Trends „glutenfreie Lebensmittel“

am 11.11.2016
vorgelegt von

Adrian Krüger

Inhalt

1. Einleitung

60 % der Deutschen kennen Gluten, den Weizenkleber. Es ist ein normales Protein. 20 % glauben bei Bauchschmerzen, Gluten sei der Übeltäter. In den USA versucht ein Drittel der Menschen, Gluten zu vermeiden. Natürlich ist dies ein Trend, von dem Lebensmittelkonzerne profitieren wollen. Es werden immer mehr Lebensmittel mit ihrer Glutenfreiheit beworben und das auch solche, die normalerweise selbstverständlich glutenfrei sein sollten. In Spanien sogar Mineralwasser. (Bamberg und Jargon 2014)

Der Umsatz mit glutenfreien Produkten hat sich zwischen den Jahren 2011 und 2014 vervierfacht. Das Label "glutenfrei" auf einem Produkt suggeriert, dass es sich um eine gesündere Alternative handele. (Konitzer 2014)

Laut einer Analyse der Google Trends ist zu sehen, dass sich von 2010 bis 2015 die Suchanfragen nach "glutenfrei backen" mehr als verdoppelt haben. Offenbar ist „glutenfrei" zu einem Lifestyle geworden. Laut einer Umfrage des Backwaren-Herstellers Almondy im Jahre 2014 in England geben 82 % der Befragten an, dass eine glutenfreie Ernährung der Gesundheit zuträglich sei. (Frateantonio)

Doch ist dieser offensichtliche Hype begründet? Die vorliegende Arbeit soll einen Überblick über Gluten- und Weizenunverträglichkeiten schaffen und wie diese diagnostiziert und behandelt werden können.

2. Nahrungsmittelunverträglichkeit allgemein

Eine Nahrungsmittelunverträglichkeit geht in der Regel mit der verschlechterten Verwertung, also Malassimilation, bestimmter Stoffe in der Nahrung einher. (Vogelreuter 2012)

Definition:

Nahrungsmittelunverträglichkeiten sind folgendermaßen definiert:

"Nahrungsmittelunverträglichkeiten sind alle reproduzierbaren, unerwünschten und unerwarteten Reaktionen, die nach dem Verzehr bestimmter Nahrungsmittel auftreten." (Körner und Schareiner 2010, S. 1)

Unterscheidung der Nahrungsmittelunverträglichkeiten:

Grundsätzlich werden bei den Nahrungsmittelunverträglichkeiten toxische und nicht-toxische Reaktionen unterschieden. Nahrungsmittelunverträglichkeiten, die über das Immunsystem vermittelt werden, werden auch Nahrungsmittelallergien genannt. Es gibt auch Erscheinungsformen, bei denen das Immunsystem nicht beteiligt ist. Dies sind die Nahrungsmittelintoleranzen. Ein Beispiel dafür ist die Laktoseintoleranz aufgrund eines Laktase-Mangels. Einen Überblick über die verschiedenen Nahrungsmittelunverträglichkeiten gibt Abbildung 1. Die Mehrzahl der Unverträglichkeiten ist nicht-immunologischer Natur, wobei die Laktoseintoleranz die häufigste Form in westlichen Ländern ist. (Biesalski et al. 2010, S. 760–762)

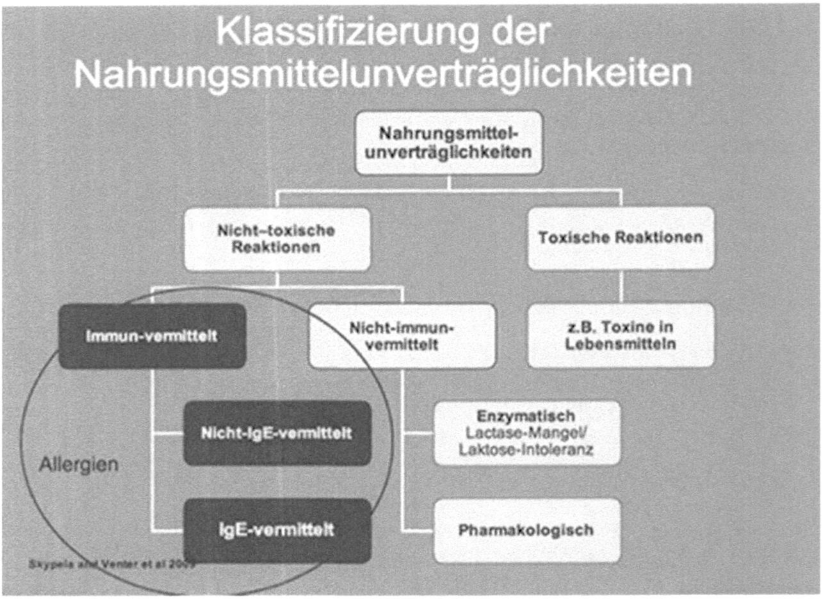

Abbildung 1: Überblick über die verschiedenen Nahrungsmittelunverträglichkeiten

Quelle: http://www.neocate.at/wissenschaftlicher-hintergrund/nahrungsmittel-unvertraeglichkeiten/

2.1. Allergische Nahrungsmittelunverträglichkeiten

Eine allergische Nahrungsmittelunverträglichkeit ist eine Hypersensitivität auf bestimmte Nahrungsmittel. Bei dieser Hypersensitivität sind immer Antikörper vorhanden, in den meisten Fällen Antikörper der IgE-Isotyp, also Immunogobulin E. Dieses dient dem Körper eigentlich zur Abwehr von Parasiten. Man spricht von IgE-abhängigen und von IgE-Unabhängigen Nahrungsmittelallergien. (Körner und Schareiner 2010, S. 4)

Ein Allergen ist immer ein Antigen, meist sind dies Proteine. Es sind für gesunde Menschen harmlose Stoffe aus der Umwelt oder in Nahrungsmitteln. Bei einem Allergiker ging eine Phase der Sensibilisierung vorraus, d.h., dass bereits Antikörper gegen ein bestimmtes Allergen gebildet werden bei Kontakt mit diesem. Das heißt aber nicht zwingend, dass auch schon Symptome einer Allergie zu sehen sind. (Körner und Schareiner 2010, S. 4–5)

IgE-Abhängige Nahrungsmittelallergien:

Der Großteil aller Allergien ist IgE-abhängig. Von gesunden Menschen werden IgE nur in geringen Mengen gebildet, bei Allergikern kommt es zu einer gesteigerten Produktion von IgE und damit zu einer Überreaktion des Immunsystems. Dies ist eine allergische Sofortreaktion, oder auch Typ-I-Reaktion, die innerhalb eines sehr kurzen Zeitraumes unmittelbar nach Kontakt mit dem Allergen auftritt. Typische Symptome sind Asthma, Schnupfen, Durchfälle und Erbrechen. (Körner und Schareiner 2010, S. 5)

IgE-unabhängige Nahrungsmittelallergien:

Im Gegensatz zu den IgE-abhängigen Allergien sind die IgE-unabhängigen Allergien Spätreaktionen. Sie können zellvermittelt sein, was bedeutet, dass sensibilisierte weiße Blutkörperchen (T-Zellen) eine zentrale Rolle einnehmen. Die bekanntesten IgE-unabhängigen Nahrungsmittelallergien sind Neurodermitis und die Zöliakie, wobei die Zöliakie als Autoimmunerkrankung einen Sonderstatus einnimmt (Körner und Schareiner 2010, S. 10). Dies wird an späterer Stelle näher behandelt.

2.2. Nicht allergische Nahrungsmittelunverträglichkeiten

Bei den nicht-allergischen Nahrungsmittelunverträglichkeiten fehlt jegliche Beteiligung des Immunsystems und im Gegensatz zu Allergien werden kleine Mengen der Auslöser oft vertragen. Meist sind nicht-allergische Nahrungsmittelunverträglichkeiten Enzymdefekte wie Laktose-, Histamin-, oder Fruktoseintoleranz, bei denen Enzyme fehlen, die den jeweiligen Stoff verdaubar machen. Auslöser sind hier biogene Amine oder Kohlenhydrate. (Körner und Schareiner 2010, S. 17–18)

3. Zöliakie

Die Zöliakie ist als eine immunologische Erkrankung definiert und wird in der Medizin als eine Allergiesonderform betrachtet. Ca. 1% der Bevölkerung leidet darunter. (Biesalski et al. 2010, S. 769) Diese Gruppe weist bereits spezifische Antikörper und eine Zottenatrophie auf, allerdings haben etwa nur ein Zehntel von ihnen auch klinische Symptome. (Leitzmann et al. 2009, S. 491)

Die Zöliakie wird auch glutensensitive Enteropathie genannt und gehört zu den nicht-IgE-Abhängigen Nahrungsmittelunverträglichkeiten. Allerdings nimmt sie unter diesen eine Sonderstellung ein, da sie eine T-zellvermittelte Autoimmunerkrankung des Dünndarms ist. T-Zellen sind eine Art der weißen Blutkörperchen, die bei gesunden Menschen nur körperfremde Antigene erkennen. Im Fall der Zöliakie aber wenden sie sich gegen den eigenen Körper (Körner und Schareiner 2010, S. 12–13). Dies begründet den Sonderstatus dieser Erkrankung.

Für die Zöliakie wird auch oft der Begriff "einheimische Sprue" verwendet, wenn diese in höherem Alter des Patienten manifestiert ist. (Schauder und Ollenschläger 2006, S. 808) Bis auf den unterschiedlichen Wortlaut handelt es sich aber bei beidem um die ein- und dieselbe Krankheit.

Die Erkrankung wird durch die im Gluten (Kleber) enthaltenen Prolamine induziert und hat morphologische und funktionelle Veränderungen der Dünndarmschleimhaut zur Folge. Diese Veränderung zeichnet sich vor Allem durch die Zottenatrophie aus, die zu einer Reduktion der Resorption von Nahrungsstoffen im Dünndarm führt. Gliadin oder andere ähnlich wirkende Prolamine finden sich in Dinkel, Weizen, Roggen, Gerste und Hafer. (Biesalski et al. 2010, S. 642)

3.1. Ursachen

Ursache ist eine genetische Disposition. (Biesalski et al. 2010, S. 642)

Allerdings ist der Vererbungsmodus dieser zur Zöliakie führenden genetischen Disposition nur unzureichend geklärt. Es wird auch davon ausgegangen, dass die Erkrankung mit durch unbekannte Interaktionen mit der Umwelt getriggert wird. Es werden verschiedene entzündungsauslösende Botenstoffe bei entsprechend veranlagten Menschen ausgeschüttet, die wiederrum eine Ausschüttung von Antikörpern zur Folge haben. Es werden sowohl Antikörper gegen das Klebereiweiß (Gliadin), als auch gegen körpereigene Antigene produziert. Dies hat zur Folge, dass die Ausreifung eines gesunden Dünndarmepithels verhindert wird und nur eine flache Schleimhaut vorhanden ist. Daher spricht man auch von einer Kombination aus Allergie und Autoimmunerkrankung bei der Zöliakie. (Schauder und Ollenschläger 2006, S. 809)

3.2. Symptome

Die Ausprägung der Symptome hängt entsprechend von dem Grad der Funktionsstörung des Dünndarms ab. Zum einen treten durch die fehlende Kapazität der Dünndarmschleimhaut, Nahrungsstoffe aufzunehmen, Malnutritionen, also Nährstoffmänge auf. Des Weiteren leiden Kinder mit Zöliakie oft unter Diarrhöe und Wachstumsstörungen. Bei späterem Auftreten der Krankheit sind die Symptome häufig unspezifisch. Sie reichen genauso von gastrointestinalen Beschwerden, aber auch von verzögerter Pubertät, Unfruchtbarkeit über neurologische Erkrankungen und Eisenmangelanämie. (Leitzmann et al. 2009, S. 491)

Neben der Beschwerden im Magen-Darm-Bereich zeigen Erfahrungen mit Betroffenen, dass auch Beschwerden wie Müdigkeit, Depressionen und Infektanfälligkeit auftritt. Einige Patienten haben aber auch gar keine Symptome, bzw. nehmen keine wahr. Dabei wird von einer "stillen Zöliakie" gesprochen. (Ledochwski 2014, S. 108)

Auch gehen häufig andere Autoimmunerkrankungen wie Diabetes Mellitus Typ I mit der Zöliakie einher. Das Risiko für Osteoporose und Krebserkrankungen steigt ebenfalls. Das erhöhte Osteoporose-Risiko geht mit der durch die Zöliakie verursachten Malabsorption von z.B. Vitamin D und Kalzium einher. (Leitzmann et al. 2009, S. 491–492)

3.3. Diagnostik

Da bei Kindern zu den charakteristischen Symptomen bei Zöliakie Gedeihstörungen nach Einführung getreidehaltiger Kost, also in der Regel nach Ablauf des ersten Lebensjahres gehören, ist für die Diagnose unter anderem als erstes die sorgfältige Dokumentation des Längen- und Gewichtsverhaltens vonnöten. (Schauder und Ollenschläger 2006, S. 809)

Die weitere Diagnose erfolgt mittels Screening auf für Zöliakie spezifische Antikörper. Zur Bestätigung der Diagnose muss eine Darmspiegelung mit Dünndarmbiopsy durchgeführt werden, d.h., dass eine Gewebeprobe dem Dünndarm entnommen wird. Ebenfalls Teil der Diagnose ist, zu beobachten, ob sich mögliche Symptome bei einer streng glutenfreier Diät bessern. Oftmals ist der Weg zur richtigen Diagnose jahrelang und wird von mehreren Fehldiagnosen begleitet. (Leitzmann et al. 2009, S. 492)

3.4. Prävention & Behandlung

Es sollten zur Prävention Säuglinge möglichst mehr als sechs Monate gestillt werden. Das Risiko, an Zöliakie zu erkranken sinkt dadurch, da die Muttermilch positive Effekte auf die korrekte Ausbildung des Immunsystems hat. Gluten sollte langsam gesteigert in die Säuglingsernährung eingeführt werden. Stärkehaltige Folgemilch-Produkte, welche auch höhere Mengen an Gluten enthalten, können das Zöliakierisiko steigern. (Leitzmann et al. 2009)

Eine sehr geringe Anzahl der Zöliaken hat einen "non-responder"-Status. Das bedeutet, dass sie trotz strikter Glutenbeschränkung weiterhin typische Symptome zeigen. Dies hängt in vielen Fällen mit Diätfehlern zusammen oder sie sind besonders empfindlich und die als tolerierbare Menge angegebenen 10 mg Gluten am Tag sind bereits zu viel. Diätfehler sind, Produkte zu sich zu nehmen, bei denen keine Kontamination ausgeschlossen werden kann, z.B. bei Restaurantbesuchen oder Kantinenessen. Liegt eine extreme Glutenempfindlichkeit vor, kann es schon genügend, wenn ein glutenfreies Brot neben einem glutenhaltigen Brot lag. Auch sollten Produkte ausschließlich von Herstellern gekauft werden, die ausnahmslos glutenfrei produzieren. Listen mit solchen Herstellern sind im Internet auf einschlägigen Seiten einzusehen. Sollte die Therapie trotz strikter Vermeidung des Glutens und etwaiger Diätfehler keinen Erfolg zeigen, müssen die Patienten auf weitere Unverträglichkeiten untersucht werden. Vor Allem Laktose und Sorbit wird von bis zu 80 % der Zöliaken nicht vertragen. (Ledochwski 2014, S. 112–114)

Eine glutenfreie Diät entspricht per Definition einer täglichen Aufnahme von weniger als 10 mg Gluten. Weizen, Roggen, Gerste und Dinkel müssen vollkommen weggelassen und durch bspw. Reis, Kartoffeln, Mais und Hirse ersetzt werden. Die meisten Betroffenen werden nach wenigen Wochen beschwerdefrei. Da eine glutenfreie Ernährung sehr schwierig einzuhalten ist, ist eine professionelle Diätberatung unabdingbar. (Ledochwski 2014, S. 111)

Zur Behandlung ist ausschließlich eine streng glutenfreie Ernährung geeignet. Bei Kindern führt diese in vielen Fällen korrekt über einen ausreichend langen Zeitraum durchgeführt, zu einer vollständigen Ausheilung der Erkrankung. Bei Erwachsenen ist das sehr selten der Fall. (Schauder und Ollenschläger 2006, S. 810–811)

4. Weizenallergie

Die Weizenallergie unterscheidet sich klar von der Zöliakie und muss anders diagnostiziert und behandelt werden (vgl. auch 3.) (Körner und Schareiner 2010, S. 187)

Die Zahlen schwanken zwischen 11 % und 25 % der Nahrungsmittelallergiker, die an Weizenallergie leiden. Die klassische Weizenallergie tritt bei Säuglingen und Kleinkindern auf und verliert sich meist im späteren Kindesalter. (Körner und Schareiner 2010, S. 187–188)

Im Gegensatz zur Zöliakie, die wie die Weizenallergie ebenfalls eine immunologische Reaktion gegen Weizenproteine ist, sind die Reaktionen bei der Weizenallergie IgE-abhängig und können auch gegen Proteine im Weizen stattfinden, die nicht Teil des Glutens sind. (Felber et al. 2014, S. 19)

Bei Erwachsenen tritt die klassische Weizenallergie eher selten auf. Allerdings kommt hier die Weizenglutenallergie vor, welche nicht mit der Zöliakie verwechselt werden darf. Die weizenabhängige, anstrengungsinduzierte Anaphylaxie kommt ebenfalls bei einigen Erwachsenen vor. (Körner und Schareiner 2010, S. 188)

Grundsätzlich werden bei der Weizenallergie bei Kindern und Erwachsenen je drei Formen unterschieden. Bei Kindern: die klassische Weizenallergie, welche eine Typ-I-Allergie ist, d.h., dass innerhalb von Sekunden oder Minuten Reaktionen des Immunsystems stattfinden. Des Weiteren gibt es die Weizenallergie mit Spätreaktion, welche sich in beispielsweise Neurodermitis äußert. Ferner gibt es eine vor Allem bei Säuglingen vorkommende Form, welche als Spätreaktion im Magen-Darm-Trakt Entzündungen auslöst. (Körner und Schareiner 2010)

Die Weizenglutenallergie bei Erwachsenen ist ebenfalls eine Typ-I-Allergie. Außerdem gibt es noch die weizeninduzierte Speiseröhrenentzündung und die pollenassoziierte Weizenallergie. (Körner und Schareiner 2010, S. 187)

Es muss vorausgeschickt werden, dass im Bereich der Weizenallergie und der Nicht-Zöliakie-nicht-Weizenallergie-Weizensensitivität die wissenschaftliche Evidenz noch nicht so hoch ist wie bei der Zöliakie und man sich lediglich auf Expertenmeinungen an Stelle von ausgereifter Empirie berufen kann. (Felber et al. 2014, S. 6)

4.1. Ursachen

Das Neigen zu einer Allergie kann genetisch bedingt sein. Grundsätzlich erkranken Kinder häufiger als Erwachsene an einer Weizenallergie. Kinder von Allergikern entwickeln ebenfalls häufig Allergien. (Irion 2015)

Weizen gehört zu den stark allergenen Nahrungsmitteln und löst am häufigsten von allen Getreidesorten eine Allergie aus. (Felber et al. 2014)

Neben der genetischen Veranlagung bei der Allergieentstehung spielen der Zeitpunkt und die Häufigkeit, wann die jeweilige Person mit dem Allergen in Kontakt kam, eine wichtige Rolle. Insbesondere bei Säuglingen in den ersten vier Monaten sind die erhöhte Permeabilität der Darmschleimhaut und das noch nicht vollends ausgereifte Immunsystem für die Ausbildung von Nahrungsmittelallergien verantwortlich zu machen. Aber auch der westliche Lebensstil (Stichwort Domestos-Gesellschaft) scheinen einen erheblichen Einfluss auf die Entstehung von Allergien zu haben. (Körner und Schareiner 2010, S. 126)

4.2. Symptome

Weizenallergien treten sowohl als Sofort-, als auch als Spätreaktionen auf. Erstere treten innerhalb weniger Stunden auf und die Spätreaktionen zeigen sich nach einigen Stunden oder bis zu ein bis zwei Tage später. Die Sofortreaktionen äußern sich bei Erwachsenen als weizenabhängige anstrengungsinduzierte Anaphylaxie (WDEIA) oder einem Angioödem, also einer Schwellung, z.B. Teile des Gesichts. (Körner und Schareiner 2010, S. 188)

Die WDEIA lässt das Immunsystem aussetzen oder schwächt es ab, wenn nach dem Weizenkonsum Anstrengung folgt. Im schlimmsten Fall kann es zu einem anaphylaktischen Schock führen. (Körner und Schareiner 2010, S. 44)

Es können aber auch gastrointestinale Beschwerden wie bei einem Reizdarmsyndrom auftreten. (Körner und Schareiner 2010, S. 188)

Diese gastrointestinalen Symptome sind klinisch nicht von Symptomen der Zöliakie zu unterscheiden. (Felber et al. 2014)

Als Spätreaktionen sind die eosinophile Ösophagitis, also eine Speiseröhrenentzündung bekannt. Bäcker mit diagnostiziertem Mehlasthma zeigen bei Einatmen von Mehlstaub Symptome, nicht aber beim Verzehr von Weizenhaltigen Produkten. (Körner und Schareiner 2010, S. 188)

Bei Kindern zählen zu den Sofortreaktionen Reizungen der Haut, eine WDEIA ist aber auch nicht auszuschließen. Spätreaktionen gibt es bei Kindern in Form von Neurodermitis. (Körner und Schareiner 2010, S. 188)

4.3. Diagnostik

Wie bei allen Allergien kommt beim Test auf eine Weizenallergie der Prick-Test und die In-Vitro-Diagnostik zum Einsatz. (Körner und Schareiner 2010, S. 188)

Beim Prick-Test wird das Allergen mittels einer feinen Nadel knapp unter die Haut gegeben. Dort befinden sich Mastzellen, die mit IgE-Molekülen besetzt sind und es bildet sich um den Stich herum eine Quaddel. Je nach Größe dieser Quaddel und der umgebenden Rötung wird mittels einer Messskala eine Diagnose gestellt. (Körner und Schareiner 2010, S. 44–45)

Beim In-Vitro-test wird mittels einer Blutprobe der Anteil des spezifischen IgE im Serum gemessen. (Körner und Schareiner 2010, S. 50)

Es kann insgesamt aber nur eine zuverlässige Diagnose gestellt werden, wenn wie bei der Zöliakie eine Eliminationsdiät mit späterer Weizenprovokation durchgeführt wird. (Körner und Schareiner 2010, S. 188)

4.4. Prävention & Behandlung

Es ist individuell verschieden, ob und in welchem Umfang Weizen vermieden werden muss bei einer Weizenallergie. Es muss beachtet werden, ob es sich um Sofort- oder Spätreaktionen handelt, oder ob eine WDEIA vorliegt. In wenigen Fällen werden gut durcherhitzte Weizenerzeugnisse oder Spuren von Weizen vertragen. Sollte eine Weizenallergie im Kindesalter vorliegen, hilft nur eine strenge Karenz aller Weizenprodukte. Bei Erwachsenen werden Spuren oft gut vertragen, bei zellvermittelteten Reaktionen liegt die Dosis oft sogar bei

10 g und mehr. Allerdings muss dies sensibel ausgetestet werden. (Körner und Schareiner 2010, S. 191)

Es sollte im Falle einer Weizenallergie eine Ernährungsfachkraft zur gemeinsamen Erstellung eines Ernährungsplanes herangezogen werden, um eine einseitige Ernährung und die bloße Karenz von Weizen zu vermeiden. Es gibt auch gute Literatur über therapeutische Diäten, wie z.B. Werfel & Reefes "Diätetik in der Allergologie". (Körner und Schareiner 2010, S. 105–106)

5. Nicht-Zöliakie-nicht-Weizenallergie-Weizensensitivität

Auch hier muss nochmals gesagt sein, dass die Wissenschaft in der Erforschung der Nicht-Zöliakie-Weizenunverträglichkeiten noch nicht sehr fortgeschritten ist und sich lediglich auf Expertenmeinungen berufen werden kann. (Felber et al. 2014, S. 6)

Die Zahl der Patienten, welche nicht unter einer Zöliakie leiden, dennoch aber eine Weizen- oder Glutensensitivität haben, sei ungleich höher als die der Zöliaken. Eine Zöliakie wurde bei diesen klinisch ausgeschlossen. Trotzdem zeigt sich bei ihnen eine extreme Besserung aller Symptome bei einer Weizenkarenz. (Ledochwski 2014, S. 114–115)

Das Krankheitsbild der Nicht-Zöliakie-nicht-Weizenallergie-Weizensensitivität ist unscharf definiert und es handelt sich nicht um eine allergische oder autoimmune Erkrankung. (Felber et al. 2014, S. 20)

5.1. Ursachen

Natürlich vorkommende Amylase-Trypsin-Inhibitoren im Getreide aktivieren bestimmte Zellen des menschlichen Immunsystems. Allerdings führt dieser natürliche Vorgang bei gesunden Menschen zu keinem Symptom. Bei Menschen mit einer Weizensensitivität können diese zu Entzündungen führen. Normalerweise dienen diese Inhibitoren dem Getreide dem Schutz vor Schädlingen. Ältere Getreidesorten wie Dinkel können um 50 % weniger dieser Inhibitoren enthalten. Wieviel welche Weizensorten enthalten, wird derzeit interdisziplinär erforscht. (Deutsche Gesellschaft für Gastroenterologie, Verdauungs- und Stoffwechselkrankheiten 2015)

Ebenfalls könnten aber auch fermentierbare Oligo-, Di- und Monosaccharide und Polyole (FODMAPS), die im Weizen natürlicherweise vorhanden sind, der Auslöser sein. In einer Studie konnte bei Menschen mit Reizdarmsymptomen die Reduktion dieser FODMAPS, nicht aber die des Glutens eine Linderung hervorrufen. (Felber et al. 2014, S. 19–20) Allerdings ist die Studienlage nach wie vor zu gering, um von einem gesicherten Ergebnis zu sprechen.

5.2. Symptome

Zu den gastrointestinalen Symptomen zählen Blähungen, Bauchschmerzen und Durchfälle, aber auch Lethargie, Kopf- und Muskelbeschwerden können auftreten. (Felber et al. 2014, S. 20)

Die Reizdarmsymptomatik beschränkt sich interessanterweise oftmals darauf, nach dem Verzehr von Brot oder Brötchen aufzutreten, nicht aber nach dem Verzehr von bspw. Teigwaren. (Ledochwski 2014, S. 115)

5.3. Diagnostik

Die Diagnostik verläuft nach dem Ausschluss-Prinzip: Können Ärzte eine Zöliakie, eine Weizenallergie und andere Bestimmte Nahrungsmittelintoleranzen ausschließen, ist eine Weizensensitivität wahrscheinlich. (Deutsche Gesellschaft für Gastroenterologie, Verdauungs- und Stoffwechselkrankheiten 2015, S. 2)

Derzeit befindet sich allerdings ein Blutserumtest in Entwicklung. (Deutsche Gesellschaft für Gastroenterologie, Verdauungs- und Stoffwechselkrankheiten 2015, S. 2)

5.4. Prävention & Behandlung

Anders als bei der Zöliakie oder der Weizenallergie ist hier keine vollständige Karenz vom Weizen vonnöten, sondern es reicht oftmals eine Reduktion des Weizens in der Diät um ca. 90 %. (Deutsche Gesellschaft für Gastroenterologie, Verdauungs- und Stoffwechselkrankheiten 2015, S. 2)

Es wurden auch Beobachtungen gemacht, dass Betroffene Sauerteigbrot wie Roggenbrot und Teigwaren gut vertragen. Das trifft nicht auf den in der Industrie verwendeten Kunstsauer zu, da hier weniger Gluten vom Sauer abgebaut wird. (Ledochwski 2014, S. 116)

Da die Studienlage aber derzeit noch dürftig ist, wird in der Leitlinie für Mediziner dennoch eine möglichst weizenfreie Ernährung empfohlen. (Felber et al. 2014, S. 20)

6. Backtechnologische Bedeutung von Gluten

Weizen nimmt eine Sonderstellung im Bereich der Getreidearten ein. Diese beruht auf seiner Fähigkeit, Kleber zu bilden. Andere Getreidearten haben diese so nicht (Mit Ausnahme von Dinkel). Die kleberbildenden Proteine liegen bereits im Mehlpartikel in einem Gerüst um die Stärkekörnchen herum vor. (Klingler 2010, S. 39)

Kleber hat strukturbildende Funktionen in Weizenteigen und besteht aus den Weizenproteinen Gliadin und Glutenin und bildet sich erst beim Kneten richtig aus. Es ist maßgeblich für das Gashaltevermögen, die Gärtoleranz sowie das Gebäckvolumen. (Skobranek 1998, S. 156)

Durch das Kneten eines Weizenteiges falten sich die durch Wasser gequollenen Peptidketten auf und strecken sich dadurch, dass die Schwefelbrücken innerhalb dieser Proteine brechen. Die Peptidketten gleiten dann übereinander und bilden darauf miteinander neue Schwefelbrückenbindungen, dadurch entsteht der Kleber. (Skobranek 1998, S. 156)

Am Ende eines Knetvorganges sind die Aminosäureketten lamellenartig angeordnet, welche unter Entstehung neuer Bindungen ein Riesenmolekül bilden. Zwischen diesen Lamellen befindet sich ein Film aus Lipoproteinen. Somit können die Eiweißstränge aneinander vorbeigleiten. Diese Eigenschaft ist maßgeblich für die Zähigkeit und Elastizität des Klebers. (Skobranek 1998, S. 157)

Roggenmehl bspw. hat ein wesentlich geringeres Quellverhalten als Weizenmehl, was auch mit höheren Enzymaktivitäten und mit einem hohen Gehalt an Pentosanen zusammenhängt. Pentosane sind Schleimstoffe, die eine Vernetzung der Kleberproteine erschweren. Daher wird Roggenmehl oft mit einem bestimmten Anteil an Weizenmehl gemischt und/oder das Roggenmehl wird gesäuert. Dies hat auch zur Folge, dass die Proteine und Pentosane des Roggens weniger löslich sind und sich ein besseres Gashaltevermögen ergibt. (Klingler 2010, S. 179–180)

7. Möglichkeiten für die Herstellung glutenfreier Teige und Backwaren

Wie im vorangegangenen Kapitel erwähnt wurde, ist das Gluten von maßgeblicher Bedeutung nicht zuletzt in Bezug auf das Gashaltevermögen einer Backware.

Zunächst einmal muss aber geklärt sein, in welchen Getreidesorten Gluten enthalten ist. Dies ist im Weizen, Roggen, Gerste, Dinkel, Grünkern, Kamut und Einkorn der Fall. Es kann auch oft in verarbeiteten Lebensmitteln wie Joghurt, Magerkäse, Aromen, Stärke, Backpulver, Zuckerstoffen und weiteren enthalten sein. Oft ist das als Emulgator oder als Trägermaterial der Fall. Selbstredend gilt es, diese Lebensmittel als Zöliak zu vermeiden. Genaue Angaben über glutenfreie Lebensmittel werden jährlich neu von der Deutschen Zöliakie Gesellschaft herausgegeben. Grundsätzlich geeignet sind für glutenfreie Backwaren die sogenannten Nicht-Brotgetreide und Weitere. (Kircher 2009, S. 21–22)

Dazu gehören Getreide und Pseudogetreide wie unter anderen Amarant, Hirse, Buchweizen, Mais, Reis, Quinoa und. (Kircher 2009, S. 23–30)

Wie zuvor erwähnt, kann ein traditionell hergestelltes Roggenbrot mit einem Roggenanteil von 100 % mit einem echten Natursauer glutenfrei sein. Dies muss aber oft vom Bäcker bestellt werden und die Glutenfreiheit ist dort schwierig aufgrund der Gefahr von Kreuzkontamination zu gewährleisten. Kommerziell verkauftes Roggenbrot darf erstens bis zu 10 % Weizenmehl enthalten und wird zweitens oft mit einem Kunstsauer hergestellt, welcher das Gluten im Roggen nicht vollständig abbaut. (Ledochwski 2014, S. 116)

Sollte eine glutenfreie Backware mit einem der eben erwähnten Nicht-Brotgetreide wie bspw. Maismehl hergestellt werden sollen, so muss in jedem Fall 1 % Verdickungsmittel dem Mehl zugegeben werden. Dazu bietet sich z.B. Guakernmehl an. Dies verhindert ein Zerbröseln der

Backwaren. Glutenfreie Fertigmehle enthalten meist schon den nötigen Anteil an Verdickungsmitteln. (Kircher 2009, S. 46)

Glutenfreie Hefeteige lassen sich aufgrund des fehlenden Klebers nicht mit der Hand kneten und ähneln von der Konsistenz her mehr einem Rührteig. (Kircher 2009, S. 47–48)

8. Fazit

Hersteller und Handelsketten profitieren in jedem Fall von Ernährungshypes. So steigt der Umsatz des größten deutschen Herstellers für glutenfreie Produkte jährlich um ca. 15 %. Allerdings sind glutenfreie Produkte wesentlich teurer als ihre glutenhaltigen Alternativen. Dies wird von den Herstellern auch mit dem höheren Kommunikationsaufwand begründet. Kritiker geben an, dass die Lebensmittelbranche solche Probleme zum Teil selbst verursacht haben soll. Aufgrund moderner Zuchtformen des Getreides ist der Glutengehalt innerhalb von wenigen Jahrzehnten enorm gestiegen. Dies kann die Wahrscheinlichkeit von Unverträglichkeiten steigern. Je präsenter ein Thema in der öffentlichen Wahrnehmung ist, desto mehr vermuten die Menschen, dass sie bei bestimmten Beschwerden oder zur Vorbeugung selbst zu glutenfreien oder anderen Spezialprodukten greifen sollten. (Dowideit 2012)

Selbstverständlich ist für tatsächlich betroffene die große Auswahl an glutenfreien Produkten beim Einkauf eine große Erleichterung bei ihrer therapeuthischen Diät. Allerdings muss gesagt werden, dass glutenfreie Produkte nicht nur teurer sind, sondern oftmals weniger Vitamine, weniger Ballaststoffe und mehr Kohlenhydrate enthalten. Dies kann besonders bei der aufgrund der Zottenatrophie geringeren Aufnahme wichtiger Nährstoffe als bedenklich betrachtet werden. (Bamberg und Jargon 2014)

Lebensmittelkonzerne suchen ständig neue Absatzmärkte und schaffen den Bedarf beim Konsumenten zum Teil selbst. Dank Online-Marketing sind die Geschwindigkeiten solcher Prozesse schnell wie nie, Kunden haben eine größere Auswahl als je zuvor und gleichzeitig sind sie von widersprüchlichen Aussagen bezüglich Ernährung umgeben. Selbst Vertreter der Lebensmittelbranche betonen zum Teil, dass sich glutenfreie Produkte nur für diejenigen eignen, die tatsächlich eine gut diagnostizierte Unverträglichkeit zeigen. Es gibt auch Stimmen, die sagen, dass Handelsketten Hersteller unter Druck setzen, sich das offizielle "glutenfrei-Siegel" geben zu lassen. Dies zeigt, dass dies doch offensichtlich eine verkaufsfördernde Wirkung hat. Teilweise kreieren Hersteller einfach auch selbst ein inoffizielles Logo. (Bamberg und Jargon 2014)

Dass nunmehr überall glutenfreie Produkte zur Verfügung stehen, erleichtert klinisch diagnostizierten Zöliaken das Leben sehr. Allerdings betrifft dies, wie bereits erwähnt, weniger als 1 % der Bevölkerung. Ob ein geschicktes Marketing der Lebensmittelindustrie an dem hohen Absatz der glutenfreien Produkte beteiligt ist, sei dahingestellt. Da Nicht-Zöliaken in keinster Weise von glutenfreien Produkten profitieren, sollte nur zu diesen Produkten gegriffen werden, wenn durch eine korrekt durchgeführte Diagnose eine Unverträglichkeit belegt ist. Anderenfalls wird unnötigerweise ein Mehrpreis für ein nicht immer gleichwertiges oder höherwertiges Produkt gezahlt.

9. Literaturverzeichnis

Bamberg, F.; Jargon, J. (2014): Hauptsache glutenfrei. Der unsinnige Hype ums Essen. Hg. v. The Wall Street Journal. Online verfügbar unter http://www.wsj.de/nachrichten/SB10001424052702304359004580008874050600074, zuletzt geprüft am 29.09.2016.

Biesalski, H.; Bischoff, S.; Puchstein, C. (2010): Ernährungsmedizin. Nach dem neuen Curriculum Ernährungsmedizin der Bundesärztekammer ; 276 Tabellen. 4., vollst. überarb. und erw. Aufl. Stuttgart: Thieme.

Deutsche Gesellschaft für Gastroenterologie, Verdauungs- und Stoffwechselkrankheiten (2015): Nicht Zöliakie, nicht Weizenallergie. Ursache der „ Weizensensitivität " ist nicht das Gluten – „glutenfrei" hilft trotzdem. Berlin. Online verfügbar unter http://www.dgvs.de/fileadmin/user_upload/presse/PM_2015_06_Weizensensitivitaet.pdf, zuletzt geprüft am 29.09.2016.

Dowideit, A. (2012): Das große Geschäft mit den unnötigen Lebensmitteln. Konsumenten kaufen zunehmend Nahrungsmittel ohne Laktose, Gluten oder Fruktose – und halten das für gesund. Die Hersteller freuen sich über den wachsenden Markt und machen Kasse. Online verfügbar unter https://www.welt.de/wirtschaft/article111702866/Das-grosse-Geschaeft-mit-den-unnoetigen-Lebensmitteln.html, zuletzt geprüft am 29.09.2016.

Felber, J.; Aust, D.; Baas, S.; Bischoff, S.; Bläker, H.; Daum, S. et al. (2014): S2k-Leitlinie Zöliakie. Ergebnisse einer S2k-Konsensuskonferenz der Deutschen Gesellschaft für Gastroenterologie, Verdauungs-und Stoffwechselerkrankungen (DGVS) gemeinsam mit der Deutschen Zöliakie-Gesellschaft (DZG e. V.)zur Zöliakie, Weizenallergie und Weizensensitivität. Online verfügbar unter http://www.awmf.org/uploads/tx_szleitlinien/021-021l_S2k_Z%C3%B6liakie_05_2014_01.pdf, zuletzt geprüft am 29.09.2016.

Frateantonio, E.: Such--Boom bei Google für "glutenfrei backen". Almondy : Steigendes Marktpotenzial und Umsatzplus, zuletzt geprüft am 29.09.2016.

Irion, R. (2015): Weizen. Typ I-Nahrungsmittelallergen, inhalatives Typ I-Soforttypallergen, (potenzielles) Typ IV-Kontaktallergen. Online verfügbar unter http://www.alles-zur-allergologie.de/Allergologie/Artikel/4397/Allergen,Allergie/Weizen/, zuletzt geprüft am 29.09.2016.

Kircher, N. (2009): Milchfrei leben - glutenfrei leben. Einsteiger-Ratgeber bei Laktoseintoleranz und Zöliakie ; mit über 125 Rezepten. Neuausg., 1. Aufl. Weil der Stadt: Hädecke (Edition GesundheitsSchmiede).

Klingler, Rudolf Wolfgang (2010): Grundlagen der Getreidetechnologie. Hamburg: Behr.

Konitzer, B. (2014): Gluten- und/oder Weizensensitivität? Gluten-Hype, ATI und FODMAPs. Online verfügbar unter http://www.web-ernaehrung.de/blog/29-darmgesundheit/142-gluten-und-oder-weizensensitivitat-gluten-hype-ati-und-fodmaps, zuletzt geprüft am 29.09.2016.

Körner, Ute; Schareiner, Astrid (2010): Nahrungsmittelallergien und -unverträglichkeiten in Diagnostik, Therapie und Beratung. 62 Tabellen. Stuttgart: Haug.

Ledochwski, M. (2014): Nahrungsmittel-Intoleranzen. Unverträglichkeiten erkennen und gut damit leben. 2., vollst. überarb. Neuaufl. Stuttgart: TRIAS.

Leitzmann; Müller; Michel; Brehme; Triebel; Hahn; Laube (2009): Ernährung in Prävention und Therapie. Ein Lehrbuch ; 186 Tabellen. 3., vollst. überarb. und erw. Aufl. Stuttgart: Hippokrates-Verl.

Schauder, P.; Ollenschläger, G. (2006): Ernährungsmedizin. Prävention und Therapie. 3., völlig überarb. und erw. Aufl. München: Elsevier Urban & Fischer.

Skobranek, Horst (1998): Bäckerei-Technologie. Hamburg: Handwerk und Technik [u a.].

Vogelreuter, Axel (2012): Nahrungsmittelunverträglichkeiten. Lactose - Fructose - Histamin - Gluten ; mit 34 Tabellen und einem Arbeitsbogen zur Anamneseerhebung zum Download unter www.Online-PlusBase.de. Stuttgart: Wiss. Verl.-Ges.